OBSERVATIONS

SUR PLUSIEURS

PLANTES NOUVELLES

RARES OU CRITIQUES

DE LA FRANCE,

PAR

ALEXIS JORDAN.

Lues à la Société Linnéenne de Lyon,
séance du 9 novembre 1846.)

QUATRIÈME FRAGMENT.

NOVEMBRE 1846.

PARIS.

J.-B. BAILLIÈRE, LIBRAIRE,

Rue de l'École-de-Médecine , 17.

LEIPZIG.

T. O. WEIGEL , RUE DU ROI.

1846.

F. A. TINANT.

Nº

Lyou. — Imp. Dumoulin et Bonel, quai St-Antoine 33.

OBSERVATIONS

SUR

PLUSIEURS PLANTES NOUVELLES,

RARES OU CRITIQUES DE LA FRANCE.

GENRE CALAMINTHA.

Les *Calamintha officinalis* Mœnch. et *Nepeta* (L.)
sont deux plantes fort répandues, qui sont mention-
nées dans un grand nombre de Flores. Si on lit
attentivement les descriptions des auteurs qui en ont
parlé avec détail, on remarque qu'ils sont loin d'être
d'accord sur leurs caractères, d'où il faut conclure,
ou que ces plantes varient beaucoup en changeant
de climat, ou qu'il y a eu confusion de plusieurs
espèces différentes. Pour arriver à une solution de
la difficulté, il n'y a que deux voies : l'observation
directe et la culture par semis. J'ai tenté l'une et
l'autre, et elles m'ont conduit à reconnaître qu'il y
avait, dans la région moyenne du bassin du Rhône
seulement, quatre espèces bien caractérisées au lieu

de deux qui y sont indiquées. Je vais en donner la
description.

CALAMINTHA OFFICINALIS (Mœnch.). Pl. 1, fig. A ,
1 à 15.

Fleurs pédicellées ; disposées en fascicules axillaires, rameux, corymbiformes, pédonculés, un
peu dressés et dirigés du même côté dans un sens
opposé aux feuilles, occupant toute la partie supérieure de la tige. Pédoncules égalant ou dépassant
les pétioles, plus courts que les feuilles, pubescents,
de forme presque cylindrique, divisés au sommet
en trois branches ; l'intermédiaire uniflore, les deux
latérales très-brièvement trichotomes, portant de 4
à 6 fleurs, celle du milieu solitaire et les autres fasciculées. Pédicelles inégaux, égalant ou dépassant le
calice. Bractées hispides, étroitement oblongues-linéaires, un peu aiguës, légèrement concaves en
dessus et carénées en dessous par une nervure saillante. Calice dressé sur le pédicelle, très-rarement
un peu fléchi ; tube oblong campanulé, garni intérieurement, vers l'ouverture, de poils blancs peu
nombreux presque inclus ; lèvre supérieure divisée
jusqu'aux deux-tiers en trois dents ovales, acuminées, un peu concaves, ciliées, étalées horizontalement, à pointe fléchie en dehors ; lèvre inférieure

formée de deux dents lancéolées à la base, étroitement acuminées depuis le tiers inférieur jusqu'au
sommet, fléchies en dedans et conniventes vers la
pointe, munies de longs cils étalés. Corolle grande,
purpurine, pubescente en dehors ; tube allongé
double du calice, renflé vers le tiers supérieur, très-
rétréci à la base ; lèvre supérieure dressée, ovale,
à bords déjetés en dehors, échancrée au sommet par
deux petits lobes dont les bords internes sont presque droits et séparés par un angle très-aigu ; lèvre
inférieure étalée horizontalement, à trois lobes peu
inégaux et contigus, les latéraux ovales-elliptiques,
le médian arrondi et légèrement denticulé, dépassant peu les latéraux en longueur. Akènes bruns,
ovales-arrondis, trigones, marqués d'impressions
ponctiformes visibles à la loupe, et sur les côtés de
l'ombilic de trois petites plaques circulaires blan-
ches plus ou moins excavées, longs de 1 1/5 mill.
sur 1 mill. de large. Feuilles assez grandes, mollement
pubescentes, très-finement ponctuées en dessous,
d'un vert gai, de forme ovale un peu allongée, dentées
en scie, à limbe tronqué très-obliquement à la base
et un peu atténué vers le sommet du pétiole qui
est pubescent et égal au demi-diamètre transversal
du limbe ; les inférieures un peu obtuses, à dents
plus nombreuses ; les supérieures aiguës, à dents
très-saillantes. Tiges nombreuses, mollement velues, quadrangulaires, dressées, souvent un peu

couchées à la base, flexueuses, simples ou rameuses, à rameaux peu étalés. Racine d'abord simple, chargée de fibrilles et terminée par plusieurs fibres principales, s'étendant ensuite horizontalement et développée avec l'âge en souche rameuse, émettant près du collet un grand nombre de stolons radicants qui sont disposés tout autour de la souche principale dont ils s'écartent peu et qui donnent naissance à autant de tiges. Plante froissée exhalant une odeur de mélisse douce et agréable.

Cette espèce est très-répandue en France. Elle vient surtout dans les bois montagneux des terrains calcaires, et se plaît dans les lieux secs abrités du soleil. Elle fleurit en août et septembre. Ses fleurs sont sujettes à varier beaucoup de grandeur, comme dans les autres espèces voisines. Dans l'état le plus ordinaire, son calice a le tube long de près de 5 mill. avec l'ouverture large de 2 1/2 mill., la lèvre supérieure dépasse un peu 2 mill., et l'inférieure n'atteint pas 4 mill. ; le tube est marqué de 13 nervures saillantes qui se prolongent sur les dents de chaque lèvre, et dont 7 correspondent à la lèvre supérieure, et 6 à la lèvre inférieure ; elles sont pour l'ordinaire brièvement hispidules. Le calice est en outre tout parsemé, à l'extérieur, de très-petites glandes jaunes brillantes, et prend toujours, surtout au sommet, une teinte d'un brun violacé. On voit dans les autres espèces les mêmes stries et les mêmes glandes ;

seulement celles-ci varient, pour le nombre et la
grosseur; elles se montrent également sur les pédoncules, la tige et la surface inférieure des feuilles. La
corolle a le tube long de 12 à 13 mill., et large au
sommet de 4 mill. environ; la lèvre supérieure n'atteint pas 4 mill. en hauteur ni en largeur; la lèvre
inférieure est longue de 5 1/2 mill. sur 6 1/2 de large;
le lobe médian est large transversalement de 3 1/2
mill. sur 2 1/2 de longueur; le tube, qui est tout
couvert extérieurement d'un duvet très-fin, est
pourvu intérieurement, dans sa partie inférieure,
de plusieurs rangées de poils, qui vont, à partir de
sa base, dans la direction des filets des étamines,
aboutir aux sinus des lobes de la lèvre inférieure;
il est marqué en dehors de nervures un peu saillantes, depuis la base jusqu'au tiers supérieur, dont
l'une plus forte se prolonge en carène sur le dos
de la lèvre supérieure, tandis qu'une autre corres-
pond à une côte épaisse située sous la lèvre inférieure, au sommet du tube qui présente sur ce
point, à l'intérieur, un large sillon; le tiers inférieur
du tube est d'un blanc jaunâtre, et la lèvre inférieure est marquée en dessus, dans son milieu, d'une
tache blanche parsemée de points et petites taches
d'un pourpre vif; le reste de la corolle est d'une belle
couleur purpurine. Les étamines ont les filets blanchâtres, soudés au tiers supérieur du tube, et genouillés obliquement au-dessous de la soudure, sur

une longueur de 1 mill. ; les anthères sont roses, à loges de forme elliptique, divergentes à la base, non contiguës au sommet, et séparées par un connectif large et blanchâtre. Le style est glabre, blanchâtre, purpurin au sommet, égalant la lèvre supérieure, terminé par deux branches dont l'inférieure est plus longue, courbée en dehors, mais rarement enroulée. Les ovaires sont ovales-elliptiques, dressés sur un réceptacle de même hauteur. Les cotylédons sont ovales-orbiculaires, légèrement rétus au sommet, un peu cordés à la base et pétiolés. Les feuilles sont parsemées en dessous de très-petites cavités circulaires ponctiformes renfermant une glande sessile et jaunâtre; elles sont larges dans le milieu de la tige de 2 à 3 cent., et longues de 3 à 4 cent. Les tiges varient dans leur taille depuis 3 jusqu'à 5 ou 6 déc.

CALAMINTHA ASCENDENS (N.), Pl. 1, fig. B, 1 à 15.

Fleurs pédicellées; disposées en fascicules axillaires, ombelliformes, très-brièvement pédonculés, un peu dressés, et dirigés du même côté dans un sens opposé aux feuilles, occupant toute la partie supérieure de la tige. Pédoncules inférieurs de la longueur des pétioles environ ; les intermédiaires et

supérieurs très-courts ou presque nuls, de forme
cylindrique, peu anguleux, légèrement déprimés,
divisés au sommet en trois branches à l'état rudi-
mentaire; l'intermédiaire uniflore, les latérales mul-
tiflores et simulant ensemble une fausse ombelle de
8 à 12 fleurs. Pédicelles inégaux dépassant le calice
ou de même longueur; les uns relevés, les autres
un peu inclinés en bas. Bractées hispidules, lancéolées-linéaires, très-aiguës, planes en dessus, à nervure dorsale épaisse. Calice toujours plus ou moins
fléchi sur le pédicelle; tube cylindrique, évidemment renflé au-dessus de sa base, à la maturité, et
garni intérieurement, vers l'ouverture, de poils
blancs presque inclus; lèvre supérieure divisée
jusqu'aux deux-tiers en trois dents ovales, acuminées, très-peu concaves, ciliées, ascendantes, à
pointe non fléchie en dehors; lèvre inférieure
formée de deux dents ovales ou lancéolées à la base,
rétrécies en pointe très-étroite, à partir du tiers inférieur, un peu courbées en dedans et conniventes
au sommet, munies de longs cils étalés. Corolle
assez petite, d'un rose lilacé pâle, pubescente en
dehors; tube court, dépassant un peu le calice,
campanulé, renflé vers le tiers supérieur, rétréci à
la base; lèvre supérieure dressée, ovale, à bords
faiblement déjetés, échancrée au sommet par deux
petits lobes séparés par un angle aigu; lèvre
inférieure étalée presque horizontalement, à trois

lobes inégaux légèrement denticulés, les latéraux
plus courts, elliptiques-oblongs, le médian arrondi-
obové, tronqué ou légèrement émarginé. Akènes d'un
brun foncé, ovales-arrondis, trigones, marqués
d'impressions ponctiformes très-visibles, et sur les
côtés de l'ombilic de trois petites plaques circulaires
grisâtres plus ou moins excavées, longs de 1 mill. sur
3/4 de large. Feuilles de grandeur médiocre, pubescentes, d'un vert assez foncé, ovales, brièvement
dentées, à limbe tronqué très-obliquement à la
base et souvent un peu atténué vers le sommet du
pétiole qui est pubescent et plus long que le demi-
diamètre transversal du limbe; les inférieures plus
obtuses, de forme ovale-arrondie; les supérieures
à dents peu nombreuses, très-courtes, appliquées, souvent nulles. Tiges très-velues, quadrangulaires, ascendantes, obliques, un peu flexueuses, à rameaux
nombreux dressés-étalés. Souche assez épaisse, oblique, s'étendant peu latéralement, et émettant plusieurs tiges très-brièvement couchées et radicantes
à leur partie inférieure. Plante froissée exhalant une
odeur forte et pénétrante, mais point désagréable.

J'ai observé cette espèce aux environs de Lyon,
où elle est assez commune dans les lieux secs et
pierreux, surtout à l'ombre des haies, et souvent en
société avec les *Cal. officinalis* et *nepeta*. Elle fleurit
à la même époque, en août et septembre, et se ren-
contre un peu dans tous les terrains. Son calice est

verdâtre et prend quelquefois une légère teinte vio-
lacée, principalement sur les dents ; le tube est strié
et muni de glandes comme dans le *C. officinalis ;* il
est long de 4 mill. sur 1 3/4 mill. de large à l'ouverture ; sa lèvre supérieure est longue de 2 mill.,
et l'inférieure de 3 mill. La corolle est d'un rose très-
pâle tirant un peu sur le lilas, et ne dépasse pas 10
ou 12 mill. au plus en longueur ; le tube atteint
7 mill. environ, la lèvre supérieure 3 mill. en hauteur et autant en largeur, et la lèvre inférieure 4 1/2
mill. ; le lobe médian a 3 mill. environ de diamètre.
Le tube est muni de poils et de nervures comme
dans le *C. officinalis*, et jaunâtre dans sa moitié inférieure ; la lèvre inférieure est marquée en dessus
d'une large tache blanche qui occupe tout son milieu et est parsemée de points purpurins. Les étamines ont les filets soudés vers le tiers supérieur du tube
et prolongés obliquement au-dessous de la soudure,
mais non visiblement genouillés ; les loges des anthères sont plus rapprochées au sommet que dans
le *C. officinalis* et d'un rose très-pâle. Le style est
glabre, pâle, un peu plus court que la lèvre supérieure, à branche inférieure enroulée en dehors aus-
sitôt après la fécondation. Les ovaires sont ovales-
elliptiques, dressés sur un réceptacle dont la hauteur
dépasse leur longueur de près de moitié. Les cotylédons sont glabres, arrondis, brièvement pétiolés
comme dans l'*officinalis*. Les petites cavités circu-

laires ponctiformes de la surface inférieure des feuilles sont moins rapprochées que dans le *C. officinalis*,
et leurs glandes sont presque toutes incluses. La
longueur des feuilles est d'environ 2 1/2 cent., et
leur largeur de 2 cent. La hauter d es tiges varie de
3 à 5 déc.

Calamintha nepeta (L.). Pl. 2, fig. A, 1 à 15.

Fleurs pédicellées; disposées en fascicules serrés,
axillaires, rameux, corymbiformes, pédonculés,
dirigés du même côté dans un sens opposé aux feuilles et assez rapprochés à la maturité, occupant toute
la partie supérieure de la tige. Pédoncules dépassant
les pétioles, égalant les feuilles ou plus courts, couverts de très-petits poils réfléchis, de forme cylindrique, faiblement déprimés en dessus, divisés au
sommet en trois branches; l'intermédiaire uniflore,
les latérales très-brièvement trichotomes, portant
de 3 à 7 fleurs dont celle du milieu solitaire, et les
autres fasciculées très-serrées à la maturité. Pédicelles
inégaux, plus courts que le calice. Bractées hispidules, lancéolées-linéaires, aiguës, planes en dessus,
à nervure dorsale saillante. Calice dressé sur le pédicelle, rarement un peu fléchi; tube cylindrique,
renflé inférieurement à la maturité, muni en dedans,
vers l'ouverture, de poils blancs assez nombreux un

peu saillants en dehors; lèvre supérieure divisée presque jusqu'à la base en trois dents ovales-lancéolées,
acuminées, très-peu concaves, brièvement ciliées,
dressées-étalées ou ascendantes; lèvre inférieure formée de deux dents ovales à la base, acuminées-subu-
lées depuis le tiers inférieur, et garnies de petits cils
dressés peu étalés qui dépassent à peine leur diamètre transversal. Corolle d'un lilas clair bleuâtre, pubescente en dehors; tube assez long presque double
du calice, tubuleux-campanulé, élargi insensible-
ment de la base au sommet; lèvre supérieure dressée, ovale, à bords à la fin un peu déjetés en dehors,
à échancrure du sommet formée de deux petits lobes
arrondis; lèvre inférieure un peu ascendante, à trois
lobes inégaux obscurément denticulés ou entiers;
les latéraux plus courts, ovales-elliptiques, le médian arrondi-réniforme, rétréci et contracté inférieurement, tronqué ou à peine échancré au sommet. Akènes bruns, ovales-elliptiques, trigones,
marqués d'impressions ponctiformes à peine visibles, et sur les côtés de l'ombilic de très-petites
plaques circulaires grisâtres peu inégales, longs de
1 mill. sur 3/4 mill. de large. Feuilles assez petites,
plus ou moins pubescentes, point molles, parsemées
de petits poils courbés appliqués, souvent un peu
rugueuses, d'un vert assez clair, ovales-deltoïdes,
crénelées, à limbe tronqué peu obliquement à la
base; à pétiole velu, court, égal au tiers du diamè-

tre transversal du limbe ; les inférieures très-obtuses,
de forme deltoïde, à crénelures nombreuses et obtuses ; les supérieures ovales, un peu elliptiques à la
base, peu obtuses, quelquefois presque aiguës, peu
dentées. Tiges assez nombreuses ; les stériles courtes,
très-étalées ; les fertiles brièvement couchées à leur
base, redressées, fermes, assez hautes, plus ou moins
hérissées de petits poils courbés irrégulièrement, à
rameaux très-nombreux, assez ouverts, ordinairement arqués et fléchis en dedans à leur extrémité.
Racine pivotante, presque simple, assez épaisse,
présentant avec l'âge, au collet, une souche formée
de la base radicante des tiges. Plante exhalant,
quand on la froisse, une odeur forte et un peu fétide.

Cette espèce est extrêmement commune aux environs de Lyon, où elle vient presque partout, par-
ticulièrement dans les lieux secs et le long des che-
mins. On la trouve également très-commune en
descendant la vallée du Rhône, à partir de Lyon
jusque dans la région méditerranéenne ; mais si l'on
s'éloigne de Lyon, du côté du nord, elle disparaît
entièrement ou devient très-rare, de sorte que Lyon
paraît être sa limite extrême de ce côté; ce qui a lieu
également pour le *Centaurea paniculata* L., le *Gyp-
sophila Saxifraga* L., et beaucoup d'autres espèces
que je pourrais citer, qui sont vulgaires autour de
Lyon, comme dans le midi de la France, et de-

viennent très-rares plus au nord. Elle fleurit, comme les précédentes, en août et septembre. Elle a le
calice verdâtre, rarement un peu brun sur les nervures; le tube est strié comme dans les autres, plus
ou moins hispidule et garni de glandes jaunâtres
très-brillantes éparses et peu nombreuses. Sa longueur est de 3 1/2 mill., et sa largeur à l'ouverture
de 1 1/2 mill.; les lobes supérieurs ont de longueur
1 1/2 mill., et les inférieurs 2 mill. La corolle est
longue de 12 à 13 mill., à tube de 9 mill., à lèvre
supérieure de 3 mill., et lèvre inférieure de 5 mill.;
le lobe médian de celle-ci a 4 mill. de largeur trans-
versale sur 3 mill. de longueur. Le tube est pâle et
jaunâtre dans sa moitié inférieure; il est marqué de
nervures et poilu intérieurement, comme dans les
C. officinalis et ascendens; la lèvre inférieure est
marquée dans son milieu d'une tache blanche peu
développée, et de points purpurins très-peu nombreux restreints à l'entrée de la gorge. Les étamines
sont blanchâtres, à filets soudés, comme dans les
deux autres, vers le tiers supérieur du tube, mais
peu obliques et brièvement décurrents au-dessous
du point d'insertion; à anthères dont les loges sont
pâles, assez rapprochées vers le haut, mais non contiguës. Le style est blanchâtre, un peu plus long que
la lèvre supérieure, à branches courtes, l'inférieure
seulement arquée en dehors et non enroulée. Les
ovaires sont de forme elliptique, plus courts que le

réceptacle. Les cotylédons sont très-petits, arrondis, elliptiques et très-brièvement pétiolés. Les glandes des feuilles sont peu rapprochées, presque incluses. Les feuilles intermédiaires ont 1 1/2 cent. de long sur une largeur égale. La hauteur des tiges varie de 4 à 6 déc.

CALAMINTHA NEPETOÏDES (N.). Pl. 2, fig. B, 1 à 15.

Fleurs pédicellées ; disposées en fascicules très-lâches, axillaires, rameux, cymiformes, pédonculés, un peu dressés et dirigés du même côté dans un sens opposé aux feuilles, occupant toute la partie supérieure de la tige. Pédoncules inférieurs plus courts que les feuilles ; les supérieurs les dépassant longuement, couverts de très-petits poils étalés, de forme cylindrique, très-peu déprimés, divisés au sommet en trois branches ; l'intermédiaire plus courte uniflore ; les latérales très-brièvement trichotomes, portant 3 à 6 fleurs, dont celle du milieu solitaire et les autres fasciculées toujours écartées. Pédicelles inégaux, divergents, plus courts que le calice. Bractées hispidules, oblongues-linéaires, peu aiguës, planes en dessus, à nervure dorsale épaisse. Calice d'abord dressé, ensuite fléchi sur le pédicelle à la maturité ; tube oblique, tubuleux-urcéolé, renflé vers le milieu à la maturité, rétréci aux deux extrémités,

surtout à la base , muni en dedans à l'ouverture
de poils blancs assez nombreux et un peu saillants en
dehors ; lèvre supérieure divisée jusqu'aux trois
quarts en trois dents ovales-lancéolées, aiguës, peu
concaves, ciliées, ascendantes ; lèvre inférieure formée de deux dents lancéolées, acuminées, munies
de cils dressés qui dépassent deux fois leur diamètre transversal. Corolle rose, pubescente en dehors ;
tube égalant une fois et demie le calice, assez renflé et courbé vers le tiers supérieur ; lèvre supérieure dressée, ovale, à lobes de l'échancrure arrondis, à bords latéraux à la fin un peu déjetés en
dehors ; lèvre inférieure presque horizontale, à trois
lobes un peu inégaux et finement denticulés ; les
latéraux plus courts, ovales-elliptiques, le médian
arrondi-obové , nettement échancré au sommet.
Akènes d'un brun clair, elliptiques, trigones, marqués d'impressions ponctiformes à peine visibles ,
et sur les côtés de l'ombilic de trois petites plaques
circulaires grisâtres peu inégales, longs de 1 1/3 mill.
sur 3/4 mill. de large. Feuilles assez petites, plus
ou moins pubescentes, souvent glabriuscules et un
peu luisantes, d'un beau vert, ovales, aiguës, dentées en scie, à limbe très-oblique et souvent atténué
vers sa base, à pétiole pubescent égalant à peine la
moitié du diamètre transversal du limbe ; les inférieures à dents plus nombreuses ; les supérieures
à dents très-aiguës. Tiges nombreuses, peu élevées,

assez grêles, souvent couchées à la base, redressées, flexueuses, légèrement arquées, simples ou peu rameuses, à rameaux assez ouverts. Souche ramifiée, horizontale, formée de la base radicante et un peu traçante des tiges. Racine peu épaisse, chargée dans son jeune âge d'un amas de fibres menues. Plante froissée exhalant une odeur assez agréable.

J'ai observé cette espèce dans les régions chaudes des départements des Hautes-Alpes et des Basses-Alpes. Elle est très-commune dans tous les lieux secs et pierreux des montagnes et sur les bords des routes, aux environs de Sisteron, Digne, Castellanne, ainsi qu'à Serres et à Gap. Elle fleurit en août et septembre, comme ses congénères. Ses calices sont verdâtres en dessous, rembrunis, violacés en dessus, parsemés de glandes peu nombreuses, striés, plus ou moins hispidules, souvent glanduleux. Le tube est long de 4 mill., large de 1 1/2 ; les lobes supérieurs ont 1 1/2 mill., et les inférieurs 2 mill. La corolle est longue de 10 à 12 mill., à tube de 7 à 9 mill. et lèvre supérieure de 2 à 3 mill. Le lobe médian de la lèvre inférieure a 3 mill. de long, et autant de large. Le tube est poilu et strié comme dans les autres, mais courbé davantage à sa partie supérieure. La lèvre inférieure est blanche dans son milieu, et parsemée de points purpurins assez nombreux vers l'entrée de la gorge et sur le lobe médian; ces derniers pour la plupart confluents au milieu du lobe. Les filets des

étamines sont un peu obliques vers leur base adhé-
rente, mais non genouillés. Les loges des anthères
sont roses, séparées par un connectif très-large, et
assez écartées au sommet. Le style est rosé, à branche inférieure fortement enroulée en dehors. Les
ovaires sont elliptiques, plus longs que leur réceptacle. Les cotylédons sont ovales-elliptiques, plus
allongés que dans les trois autres et d'un beau vert
clair. Les feuilles intermédiaires sont longues de 2
cent. sur 1 1/2 cent. de large environ. La hauteur
des tiges varie de 2 à 3 déc. ; elles atteignent rarement
4 déc.

En donnant les dimensions exactes des parties de
la fleur dans les *Calamintha* qui précèdent, je n'ai
pas voulu leur attribuer une trop grande importance,
car il est certain que rien n'est plus variable que la
grandeur des fleurs dans la plupart des plantes de la
famille des Labiées. J'ai observé souvent des *Calamintha* qui offraient sur un même pied des fleurs de
moitié plus petites que d'autres, et dans les lieux où
plusieurs espèces croissent pêle-mêle, il n'est pas
rare de rencontrer des individus dont toutes les fleurs
sont très-petites et pour la plupart avortées, ce
qu'on pourrait attribuer à l'hybridité. Je crois néan-
moins que, toutes choses égales, si l'on observe di-
verses espèces dans leur état normal, au moment de
leur entier développement, elles devront offrir dans
les parties de la fleur, comme dans leur taille et leur

feuillage, des dimensions différentes et constantes.
C'est pourquoi j'ai jugé à propos de mesurer avec
exactitude les fleurs de ces *Calamintha*, que j'ai eu
soin de prendre sur des individus obtenus de semis
et cultivés dans des conditions identiques.

Ces quatre espèces sont certainement bien distinc-
tes. Les observations que j'ai pu faire à leur sujet ne
me permettent pas d'en douter ; mais, comme elles
sont voisines et sujettes à des modifications et des
avortements qui en rendent quelquefois la détermi-
nation difficile, il importe d'appeler l'attention sur
leurs caractères les plus essentiels et les plus cons-
tants. C'est ce que je vais tâcher de faire.

Le *C. officinalis* qui se reconnaît ordinairement,
au premier aspect, à ses grandes fleurs purpurines,
se distingue sûrement des trois autres espèces par
les dents de la lèvre supérieure du calice toujours
étalées horizontalement à la maturité, et dont les
pointes sont fléchies en dehors. Les longs cils qui
bordent les dents de la lèvre inférieure le distinguent
des *C. Nepeta* et *nepetoïdes* ; mais ce caractère lui est
commun avec le *C. ascendens*. Le tube n'est pas
renflé comme dans les autres, à la maturité, ou l'est
d'une manière peu sensible ; sa forme est évidemment moins cylindrique que dans les *C. ascendens* et
Nepeta ; elle est tubuleuse comme dans le *C. nepetoïdes*,
mais moins oblique et moins urcéolée. Les pédoncules
sont assez longs et assez divisés, mais toujours plus

courts que les feuilles. Les pédicelles sont moins rapprochés que dans le *C. Nepeta* et moins divergents que
dans le *C. nepetoïdes*. Les lobes de la lèvre inférieure
de la corolle se touchent par leurs bords, et sont beaucoup moins inégaux en longueur et en largeur que
dans les autres. Les filets des étamines sont genouillés au-dessous du point d'insertion d'une manière
très-remarquable. Les akènes sont un peu plus gros
que dans le *C. ascendens* et moins visiblement ponctués, de forme plus arrondie que dans les *C. Nepeta*
et *nepetoïdes*. Les feuilles sont les plus grandes de
toutes et les plus mollement velues, de forme ovale
un peu allongée, à dents saillantes. Les tiges sont
plus flexueuses que celle du *C. Nepeta*, plus élevées
et plus robustes que celles du *nepetoïdes* , et point
obliques comme dans l'*ascendens*. La souche est véritablement un peu traçante, quoiqu'elle ne puisse être
assimilée en aucune façon à celle des plantes tout-à-
fait rampantes comme sont les *Mentha*. Ce caractère lui est commun avec le *C. nepetoïdes* et le distingue des *C. Nepeta* et *ascendens*. Son odeur douce
et agréable est également caractéristique.

Le *C. ascendens* est remarquable par ses fleurs disposées comme en ombelle sur des pédoncules extrêmement courts. Ses calices toujours fléchis sur le pédicelle ont le tube cylindrique et ventru à la maturité, les dents supérieures ascendantes et non déje-
tées à la pointe, les dents inférieures assez semblables

à celles du *C. officinalis*, seulement plus ovales à la base et plus étroitement subulées. Sa corolle un peu plus petite que celle du *C. Nepeta*, n'est pas comme dans ce dernier d'un lilas bleuâtre, mais toujours d'un lilas rosé; le tube est manifestement plus court que dans les trois autres, et dépasse peu les dents inférieures du calice. Ses akènes arrondis, d'une couleur brune foncée, sont bien plus visiblement ponctués que dans tous les autres. Ses feuilles sont remarquables par leurs dents très-courtes, appliquées et souvent peu visibles ; leur forme est plus arrondie que dans le *C. officinalis*, moins deltoïde que le *C. Nepeta*, et elles tiennent le milieu pour la grandeur entre celles de ces deux espèces. Ses tiges sont ascendantes et toujours dressées obliquement, très-rameuses comme dans le *C. Nepeta*, mais à rameaux moins ouverts. Sa souche s'étend peu horizontalement, de même que celle du *C. Nepeta*, et émet des tiges très-brièvement radicantes. Son odeur, quoique forte, n'a rien de fétide.

Le *C. Nepeta* est reconnaissable à ses fleurs disposées en fascicules très-serrés, surtout à la maturité. Son calice a les dents supérieures ascendantes, généralement peu étalées; les inférieures sont garnies de cils très-courts presque dressés. Le tube a la même forme que dans le *C. ascendens*, mais les poils qui en garnissent l'entrée sont plus nombreux et plus saillants que dans ce dernier et le *C. officinalis*. Sa co-

rolle est remarquable par son tube élargi insensible-
ment de la base au sommet et moins brusquement
renflé vers le tiers supérieur que dans les trois autres; le lobe médian de la lèvre inférieure est élargi
transversalement et plutôt tronqué qu'échancré. Ses
akènes sont de forme elliptique plutôt qu'arrondie.
Ses feuilles assez petites ne sont pas mollement velues, mais couvertes de petits poils courbés appliqués,
et généralement un peu rugueuses; elles sont courtement ovales, plutôt crénelés que dentées, d'un vert
assez clair. Ses tiges sont très-rameuses, dressées ou
ascendantes, couvertes de poils plus ou moins courbés et assez raides. Sa racine est épaisse, et sa souche
peu ou point traçante. Son odeur est désagréable et
a quelque rapport avec celle du *Mentha Pulegium* L.

Si le *C. ascendens* semble tenir le milieu entre le
C. officinalis et le *C. Nepeta*, le *C. nepetoides*, sous
d'autres rapports, paraît aussi intermédiaire entre
ces deux espèces. Par la forme du calice florifère, par
son port, son feuillage et sa souche, il se rapproche du
C. officinalis; mais ses petites fleurs, son calice fructi-
fère ventru et à dents courtement ciliées, la forme de ses
akènes surtout, et son *habitat*, indiquent qu'il a avec
le *C. Nepeta* des affinités plus réelles. Ses pédoncules
toujours plus longs que les feuilles supérieures, ses
pédicelles très-ouverts, lui donnent un aspect tout-à-
fait tranché. Son calice a le tube plus oblique et plus
rétréci à la base que dans les *C. Nepeta* et *ascendens,*

et renflé plus au milieu ; les dents supérieures sont
ascendantes, et les inférieures sont garnies de cils plus
courts que dans les *C. officinalis* et *ascendens*, mais
plus longs et plus étalés que dans le *C. Nepeta.* Sa
corolle est rose, petite ; à tube courbé et renflé vers
le haut, d'un tiers ou de moitié plus long que le calice ; le lobe médian de la lèvre inférieure est de
forme plus arrondie, plus nettement échancré que
dans le *C. Nepeta*, et marqué aussi de points purpurins plus nombreux et plus foncés. Ses akènes
diffèrent peu de ceux de ce dernier ; ils sont seulement un peu plus oblongs. Ses feuilles sont petites,
ovales et dentées en scie, et non deltoïdes crénelées,
rarement un peu molles, d'un vert assez foncé. Sa
souche est plus grêle que dans le *C. officinalis* et
aussi traçante. Son odeur est agréable, mais forte.

Ces quatre espèces de *Calamintha* ne sont ni les
unes ni les autres des plantes rares, et il est proba-
ble qu'elles se trouvent toutes dans la plupart des
herbiers un peu considérables. Si l'on éprouve de
la peine à les distinguer, cette difficulté tient sans
doute à l'affinité de leurs caractères, mais bien plus
encore à l'insuffisance et à l'obscurité des descriptions. Toutes les fois qu'une description, au lieu de
s'appliquer à une seule forme bien déterminée, est
conçue, suivant la méthode Linnéenne, de manière à
embrasser plusieurs formes douteuses dont la limite
n'est pas encore connue, il en résulte nécessaire-

ment que des caractères trop généraux sont substi-
tués en tout ou en partie aux véritables caractères
spécifiques, ce qui infirme d'autant la valeur des
espèces voisines en jetant du doute sur les caractères
qui les séparent, car un esprit logique se refuse à
admettre que ce qui ne vaut rien pour distinguer
deux plantes dans un cas donné puisse être bon dans
un cas tout-à-fait analogue. Cette méthode conduit
au scepticisme. A force de ne vouloir admettre que
des espèces tranchées dans des genres où la nature
ne nous offre que des espèces unies les unes aux autres par les rapports les plus intimes, on finit par
ne plus croire aux espèces, et l'on réunit successive-
ment toutes les formes qui se présentent, jusqu'à ce
qu'on arrive à des formes qu'il répugnerait trop de
mettre ensemble. Alors, on laisse de côté la logique
pour obéir à cette répugnance qui est, après tout, un
critérium peu scientifique.

Le *C. officinalis* se reconnaît facilement à cause de
ses grandes fleurs; mais tant que l'on confond en une
seule espèce les *C. ascendens*, *Nepeta* et *Nepetoïdes*
on ne sait plus quel caractère solide lui attribuer.
C'est ainsi que Duby, Bot. gall. p. 372, demande si le
C. Nepeta diffère réellement du *C. officinalis* Crantz;
et d'autres auteurs ont exprimé le même doute. En
effet, dans l'hypothèse de la réunion des trois formes, il ne faut tenir aucun compte de la grandeur
des fleurs, ni de la forme du calice et de ses dents

plus ou moins ciliées, ni de la forme et de la den-
telure des feuilles, ni des akènes, ni du port et de
l'odeur. Tous ces caractères sont réputés variables,
et il ne reste absolument rien pour distinguer le
C. *officinalis* du C. *Nepeta*.

La synonymie du C. *officinalis* ne me paraît offrir aucune difficulté et je m'y arrêterai peu. La
plante que j'ai décrite sous ce nom est incontestable-
ment le *Melissa Calamintha* de Linné, Sp. pl. p. 827,
et de la plupart des auteurs. Smith toutefois, dans le
Fl. brit. p. 642, lui attribue des calices ventrus et
des feuilles à peine dentées : *folia subserrata, obso-
letè-serrata,* caractère qui convient mieux au C. *ascendens;* mais il dit les fleurs d'un violet foncé.

La synonymie du C. *Nepeta* est au contraire très-
embrouillée, parce que tantôt une forme, tantôt
une autre, tantôt toutes ensemble ont été décrites
pour cette espèce. Aussi j'aurais pu, presque avec
autant de raison, appeler *nepetoides* la forme que
j'ai nommée *Nepeta,* et réciproquement. En effet,
Linné dit du *Melissa Nepeta,* dans le Sp. pl. p.
827: *pedunculis folio longioribus, caule decumbente.*
Smith, Fl. brit. p. 642 lui donne des feuilles
dentées en scie, *serratis.* Gaudin, Fl. helv. 4. p. 89,
lui attribue des pédicelles divariqués. Tous ces caractères s'appliquent à mon C. *nepetoides.* D'un autre côté, Linné, dans son Syst. nat. ed. 12, dit du
M. Nepeta : *caule ascendente..... folia sub cordata....*

corolla sub cœrulea, etc., et il lui attribue une odeur
analogue à celle du *Mentha Pulegium.* Koch, Syn.
fl. germ. ed. 2, p. 644, décrit ainsi les feuilles : *sub
rotundo-ovatis.* Les descriptions des auteurs italiens
conviennent très-bien à mon *C. Nepeta.* Bentham,
Labiat., p. 387, l'indique à Lyon où il est effective-
ment très-commun, tandis que je n'y ai jamais ren-
contré le *C. nepetoïdes.* Le *C. Nepeta* que j'ai décrit
est le plus répandu dans les régions méridionales de
la France et le plus connu sous ce nom des Botanistes français; c'est à lui que convient l'odeur un peu fétide attribuée généralement au *C. nepeta.* C'est pourquoi j'ai cru devoir lui laisser ce nom, quoique la
phrase du Species pl. de Linné, telle qu'elle est,
convienne mieux au *C. nepetoïdes.* Toutes les fois qu'il
est question de séparer des plantes généralement
confondues, le même embarras se présente pour la
synonymie, et l'on est contraint ou d'abandonner
les noms anciens ou d'en faire une application ar-
bitraire,

Le *C. ascendens* est peut-être la plante que décrit
Reichenbach. Fl. exc. p. 329, sous le nom de *C. umbrosa* M. B.; mais il dit qu'elle a de grandes fleurs
et le calice coloré comme dans l'*officinalis*, ce qui
n'est pas vrai de l'*ascendens* dont les fleurs sont
toujours fort petites et le calice très-peu coloré. Le
C. umbrosa M. B., d'après la description donnée
dans le Fl. taur. cauc. 2, p. 63, et d'après les échan-

tillons de la région caucasique que j'ai pu examiner,
est d'ailleurs une plante bien différente. Ses fleurs
sont fort petites, disposées en cymes axillaires dé-
passées de beaucoup par les feuilles. Ses bractées
sont sétacées et très-hispides. Son calice a le tube
très-oblique, tubuleux-campaniforme, très-hispide,
et les deux lèvres peu ouvertes. Ses feuilles sont de
forme ovale allongée, à dents aiguës. Sa souche est
évidemment traçante.

Le savant auteur de la Flore du Centre, M. Bo-
reau, vient dans un mémoire tout récent de signa-
ler, sous le nom de *C. menthœfolia* Host., un *Calamintha* qui me paraît s'éloigner très-peu du *C. ascendens*, si ce n'est pas la même plante. Il lui attribue
des feuilles crénelées, des tiges dressées, et dit les
fleurs d'un lilas très-clair, et la lèvre supérieure à
bords planes non déjetés en dehors. Ces caractères
ne vont pas très-bien à mon *C. ascendens*. Il dit en
outre les fleurs en cyme, et ne parle pas de la briè-
veté des pédoncules qui est si caractéristique, de
sorte que je ne me permettrai pas de porter un ju-
gement affirmatif sur sa plante.

Dans tous les cas, il me paraît évident que le *C.
ascendens* ne peut être rapproché du *C. menthœfolia*
Host.; et parmi les espèces de la création de Host je
n'en vois aucune qui s'en éloigne davantage. En
effet, cet auteur dans son Fl. aust. 2. p. 129 décrit
ainsi le *C. menthœfolia : pedunculis folio longioribus,*

foliis ovatis serratis, corolla calyce duplo longiore.
Ces caractères ne peuvent s'appliquer au *C. ascendens* qui est remarquable, entre tous, par ses pédoncules extrêmement courts et ses feuilles très-brièvement dentées. Il dit en outre : *pedunculi secundi in
breves pedicellos divisi*, tandis que dans l'*ascendens*
les pédicelles sont, au contraire, plus longs que dans
les autres espèces, et les pédoncules plus écartés.
Il dit la corolle purpurine, et le lobe médian de la
lèvre inférieure entier, ce qui va encore moins à
ma plante. Je pense qu'on pourrait plutôt chercher
dans le *C. obliqua* Host. mon *ascendens*, dans son *ro-
tundifolia* mon *Nepeta*, et dans son *Nepeta* mon *nepetoïdes*; mais ce ne sont là que de simples conjectures ;
car il ne me paraît pas possible de trouver rien de
clair et de positif dans les descriptions du Flora aus-
triaca. Comme elles ne sont pas accompagnées de
figures, et qu'elles ne brillent que par l'absence de
critique et l'insignifiance la plus complète, je ne
pense pas qu'elles doivent mériter les honneurs d'une
discussion sérieuse. Aussi, ce n'est pas moi qui cher-
cherai à réhabiliter ces espèces et beaucoup d'autres
du même ouvrage, ni à les tirer de l'oubli dans
lequel elles sont si justement tombées; car je ne vois
pas ce que la science pourrait y gagner, puisqu'elles
n'ont été adoptées par personne, et sont rapportées en
synonymes par les meilleurs auteurs aux espèces
déjà connues purement et simplement.

J'aurais pu allonger beaucoup cette discussion,
en citant ici les auteurs antérieurs à Linné qui ont
parlé des *Calamintha*, et en commentant leurs écrits;
mais comme je n'aperçois pas bien l'utilité de ce
genre de revue, j'ai cru devoir m'en abstenir. En
effet, s'il est vrai que plusieurs de ces hommes il-
lustres ont fait preuve d'une étonnante sagacité et
d'une connaissance approfondie des espèces, il n'est
pas moins certain que par suite de l'imperfection
de la méthode qu'ils ont suivie, leurs écrits ne peuvent que bien rarement servir à la solution des
difficultés que présente l'étude des espèces très-voi-
sines par leurs caractères.

Il me reste à dire un mot de la question de genre.
Le genre *Calamintha* a été établi en partie aux
dépens des *Melissa* de Linné. Smith et plusieurs auteurs après lui, ont réuni au genre *Thymus* les *Melissa
Calamintha L.* et *Nepeta L.* Cette réunion n'était pas
heureuse, et n'est plus adoptée aujourd'hui; mais
quelques auteurs, Bentham notamment, dans ses
Labiateæ, conservent encore ces espèces dans les
Melissa. Pour apprécier cette opinion, il suffit
d'examiner ce qui distingue les genres *Melissa* et
Calamintha, et d'une manière générale, sur quoi
sont fondées les distinctions génériques dans la
famille des Labiées. Ces distinctions reposent en
grande partie sur des caractères tirés de la forme
du calice et de la forme des anthères. Le calice sur-

tout y joue un très-grand rôle. Ainsi l'on sait
(pour citer un exemple) que les *Thymus* diffèrent
des *Origanum* uniquement par la forme du calice
qui est évidemment bilabié dans le premier genre.
Je crois que c'est avec raison que l'on fait usage du
calice d'une manière aussi exclusive, pour distinguer
les genres des Labiées, car si l'on examine avec attention les espèces les plus voisines dans les genres
très-naturels de cette famille, on remarque qu'il
n'en est peut-être aucune qui ne présente quelque
note spécifique tirée de la forme précise de son
calice, ce que je me réserve de montrer en traitant
des *Mentha*; d'où je conclus que le calice a une
très grande importance dans la famille des Labiées et
que tous les genres qui seront établis sur des différences tranchées dans cet organe, devront être ad-
mis. Or c'est ce qui a lieu dans le cas dont il s'agit.
Si l'on compare les *Melissa* aux *Calamintha*, on
trouve que les premiers ont le tube du calice plane,
déprimé en dessus, tandis qu'il conserve toujours
la forme cylindrique dans les seconds. Cette diffé-
rence est très-nette, et suffit parfaitement, avec le
caractère des anthères dont les loges sont contiguës
au sommet dans les *Melissa* et séparées par le connectif dans les *Calamintha*, pour constituer deux
excellents genres.

Il importe d'ailleurs de ne pas s'exagérer la valeur
des coupes génériques. Plusieurs Botanistes sem-

blent, en étudiant les genres, poursuivre une réa-
lité. Sans doute les rapports qui unissent les espèces
sont réels, et il est utile de chercher des caractères
communs qui puissent servir à rapprocher les plus
voisines et à les séparer des autres; mais cette limite
qu'on assigne aux groupes ainsi construits est
purement conventionnelle et n'a aucune valeur
objective. Si l'on prend pour point de départ dans
la classification, comme types du genre, les premiers
groupes que l'on pourra former en étudiant les
familles très-naturelles, et qu'on veuille ensuite
établir des groupes équivalents dans toutes les
familles, de manière à n'avoir, en quelque sorte,
qu'une série d'unités d'une valeur égale, on arrivera
ainsi à doubler ou tripler le nombre des genres ac-
tuels. Si l'on prend, au contraire, le type du genre
dans d'autres familles où les espèces présentent des
différences très-tranchées, on sera conduit à réduire
de beaucoup le nombre des genres aujourd'hui
reçus; ce qui montre que ces distinctions n'ont rien
d'absolu en elles-mêmes, et peuvent varier suivant le point de vue auquel on se place. Si quelques groupes paraissent véritablement isolés de tous
les autres, c'est tout simplement qu'il existe des
lacunes dans le règne végétal actuel; mais on con-
çoit qu'il ne s'en trouve pas dans le plan primitif
des êtres dont il ne nous est donné de connaître que
quelques fragments, à l'aide desquels la connais-

sance humaine peut s'élever jusqu'à l'ensemble par
l'intelligence des deux grandes lois fondamentales
d'harmonie et de variété, la loi qui unit les formes
et la loi d'après laquelle elles se distinguent les unes
des autres. Comme c'est dans les groupes dits naturels, que l'union des êtres se montre la plus intime,
et que l'absence de toute lacune fait briller une harmonie plus parfaite, c'est dans la connaissance de
ces détails, que doit se révéler la pensée de l'œuvre
tout entière, car la nature agit toujours par les voies
les plus simples qui sont aussi les plus grandes ; ce
qui nous conduit à cette conséquence remarquable,
que l'étude de l'espèce dans les genres naturels peut
seule donner la clef des classifications, et que la
connaissance de ces genres sous le point de vue
descriptif organographique et physiologique est une
des conditions les plus essentielles du progrès de la
science dans l'avenir. Si l'on considère maintenant
qu'aucune étude peut-être n'a été plus négligée
jusqu'à présent, et qu'aucune des méthodes suivies
généralement n'ayant mis au jour son importance,
la plupart des Botanistes n'ont pas même jugé ces
genres dignes de leur attention, on peut apprécier
le point où se trouve la science, et se faire une idée
du progrès qui reste à faire. Ainsi, citer des genres
tels que les genres *Rubus*, *Rosa*, *Mentha*, *Quercus*,
Ulmus, *Prunus*, *Cerasus*, *Pyrus*, *Malus*, *Vitis*, *Lac,
tuca*, *Cucumis*, *Cucurbita*, et une foule d'autres,

c'est faire l'énumération de tout ce qu'il y a de plus
inconnu dans l'état actuel de la science. L'école
Linnéenne a cru se débarrasser de ces genres en les
appelant variables; mais ce n'est là qu'un mot,
simple écho des préjugés du vulgaire, qu'une hypothèse sans antécédent logique qui peut bien satis-
faire quelques esprits pressés d'en finir avec l'étude
des faits et peu soucieux de la méthode, mais qui
loin de résoudre la question, l'élude et la laisse
subsister tout entière.

Pour en revenir à l'établissement des genres, je
pense que la meilleure règle à suivre, c'est l'utilité
de la science, et qu'on doit en régler le nombre sur
les exigences de la méthode adoptée, et sur le plus ou
moins de clarté et de facilité qu'ils présentent pour
l'exposition ou l'investigation des faits. Mais il n'en
est plus de même pour l'établissement des espèces. On
ne peut ni en augmenter ni en restreindre le nombre
ad libitum, comme voudrait le faire certaine école.
Les espèces sont ou ne sont pas. Les individus qui les
composent peuvent être considérés comme l'évolu-
tion d'un type unique, immuable dans son essence,
multiple dans son unité, dont les modifications
sont régies par des lois d'une valeur absolue. L'é-
tude de ces lois, l'étude de la vraie nature des êtres
et de leurs rapports, tel est l'objet de la science.
Pour atteindre à ce but de toute recherche scientifique, la connaissance des êtres, l'expérience est

sans doute indispensable, mais ne saurait suffire. Etant
imparfaite de sa nature comme tous nos moyens
d'investigation et limitée par rapport au temps
et au lieu, les résultats qu'elle nous donne n'ont
qu'une importance relative et sont marqués d'un
caractère essentiellement provisoire. Elle ne nous
montre d'ailleurs rien qui ne change plus ou moins
dans le champ qu'elle embrasse. La raison seule
nous découvre l'absolu , et nous force d'accepter
comme immuables les lois du monde matériel tout
aussi bien que celles du monde moral. Elle nous
fait concevoir une limite nécessaire que les êtres
dans leurs modifications nombreuses ne sauraient
franchir, et que l'observation est souvent impuis-
sante à marquer. Elle nous montre l'immutabilité
comme le fondement de la distinction des formes
végétales. Ces données fournies par la méthode
ontologique sur la nature de l'espèce une fois ad-
mises, et la science établie sur ce fondement solide,
il ne reste plus qu'à procéder à l'étude des faits
particuliers, en s'aidant de l'observation directe et
de l'induction scientifique. L'observation patiente
et attentive interroge la nature ; les faits présents et
immédiats forment son domaine. L'induction par-
tant des faits observés s'ouvre une voie brillante
et féconde dans un champ encore inexploré. Si
l'on combine avec soin les résultats de ces deux
méthodes , on peut arriver, au moyen du contrôle

qu'ils fournissent, à apprécier d'une manière exacte
et selon leur importance les faits qui méritent de
fixer notre attention. Ainsi l'on constate d'une manière positive l'existence d'un certain nombre d'espèces déterminées; on saisit leurs rapports, lesquels
servent à les grouper ; on peut établir avec rigueur
quels sont les faits certains , les questions définiti-
vement résolues , et quels sont les points encore
douteux ou obscurs, selon que l'observation est
plus ou moins complète , qu'elle est d'accord avec
l'induction , ou qu'elle la contredit. De cette manière l'édifice de la science se construit peu à peu,
tandis que, sans le secours de la méthode philoso-
phique et sans 'point de départ rationnel, de pa-
tientes recherches , de longs et importants travaux,
ne produisent souvent aucun résultat.

Explication de la première planche.

Fig. A. CALAMINTHA OFFICINALIS. (Mœnch).

1. Fragment de tige fleurie de grandeur naturelle.
2. Groupe de fleurs isolé grossi.
3. Bractée.
4. Fleur complète grossie.
5. Calice grossi.
6. Coupe longitudinale du calice, pour montrer la lèvre
   supérieure.
7. Coupe du calice, pour montrer la lèvre inférieure.
8. Coupe de la corolle, pour montrer la lèvre inférieure
   et l'insertion des étamines.

9. Coupe de la corolle, pour montrer la lèvre supérieure.
10. Étamine grossie.
11. Réceptacle et ovaires grossis.
12. Style grossi.
13. Graine de grandeur naturelle.
14. Graine grossie.
15. Feuille du milieu de la tige.

Fig. B. CALAMINTHA ASCENDENS. (N.).

1 à 15. Les mêmes organes qu'aux numéros correspondants
de la fig. A.

Explication de la deuxième planche.

Fig. A. CALAMINTHA NEPETA. (L.).

1 à 15. Les mêmes organes qu'aux numéros correspondants
de la fig. A de la première planche.

Fig. B. CALAMINTHA NEPETOÏDES, (N.).

1 à 15. Les mêmes organes qu'aux numéros correspondants
de la fig. A de la première planche.

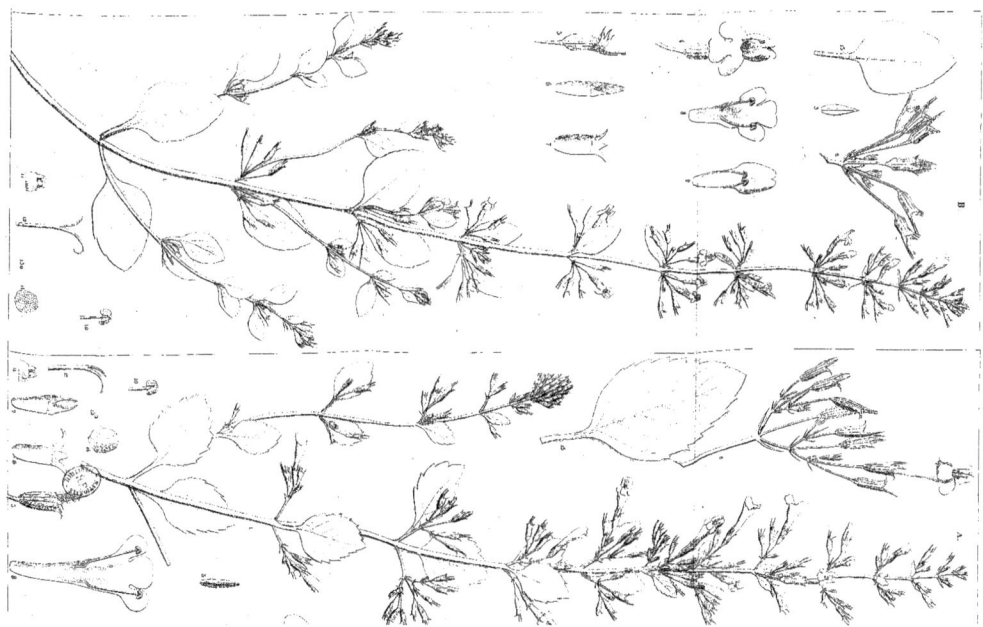

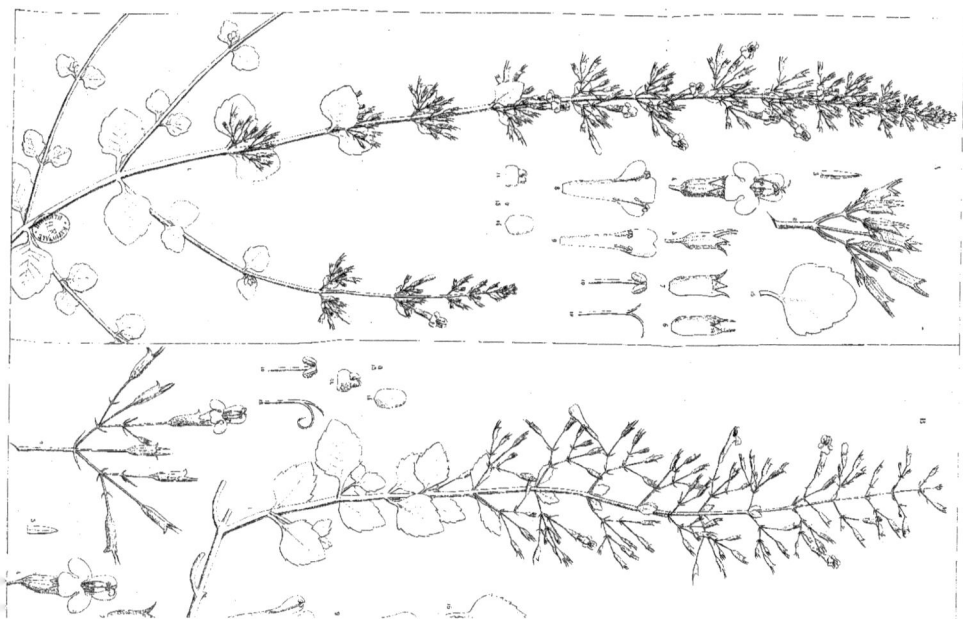

LYON. — IMPR DE DUMOULIN ET RONET, QUAI ST-ANTOINE, 33.